Ⅳ

2013·金堂奖

JINTANGPRIZE

——2013中国室内设计年度优秀餐厅空间作品集

CHINA INTERIOR DESIGN ADWARDS 2013
GOOD DESIGN OF THE YEAR RESTAURANT SPACE

金堂奖组委会·编

中国林业出版社
China Forestry Publishing House

VASAIO 維迅陶瓷
Ceramics

Original Stone / Original Wood / Original
原石 · 原木 · 原创

"艺术是瓷砖的灵魂"。维迅VASAIO将自然界美学沉淀凝固于瓷砖之上，将自然之美与陶瓷先进工艺完美结合，维迅VASAIO原石和原木以其独有的真实感倾倒大众。取材自然"原石和原木"的原创，是希望将石材的石感，木材的木感还原至瓷砖之上，求真求实，并用最熟悉的原石和原木唤醒人类最深层的记忆，直至心灵。

维迅VASAIO品牌的产品结构完整，既重点突出：梵高印象·原石系列、名木世家·瓷木系列、九龙壁·全抛釉系列等三大类全新产品，也有主次分明的三大类传统产品：玄武岩·仿古砖系列、中华石·抛光砖系列、T&L·超薄瓷片系列等。

世纪金陶奖获奖品牌
中国意大利陶瓷设计大奖获奖品牌

秋香

中国拼花地板
领导者

月光

加旋木马

如意卷草

烟色郁金

乌纹爵士

富贵璎珞

木樨清芬

徐虹创意木饰工作室

工厂地址· 上海市青浦区金泽莲金路10号　电话· 021-59272871　E-mail· irjshuanyi@hotmail.con

图书在版编目（CIP）数据

金堂奖：2013中国室内设计年度优秀作品集：珍藏版 / 金堂奖组委会编.

—— 北京：中国林业出版社,2013.12

ISBN 978-7-5038-7277-8

Ⅰ.①金… Ⅱ.①金… Ⅲ.①室内装饰设计—作品集—中国—现代 Ⅳ.①TU238

中国版本图书馆CIP数据核字(2013)第272218号

编委会成员名单

主　　编: 金堂奖组委会

策划执行: 金堂奖出版中心

编写成员: 张　岩　张寒隽　高囡囡　王　超　刘　杰　孙　宇　李一茹　王灵心　王　茹　魏　鑫

　　　　　姜　琳　赵天一　李成伟　王琳琳　王为伟　李　金　王明明　徐　燕　许　鹏　叶　洁

　　　　　石　芳　王　博　徐　健　齐　碧　阮秋艳　王　野　刘　洋　袁代兵　张　曼　王　亮

　　　　　陈圆圆　陈科深　吴宜泽　沈洪丹　韩秀夫　牟婷婷　朱　博　文　侠　王秋红　苏秋艳

　　　　　孙小勇　王月中　刘吴刚　吴云刚　周艳晶　黄　希　朱想玲　谢自新　谭冬容　邱　婷

　　　　　欧纯云　郑兰萍　林仪平　杜明珠　陈美金　韩　君　李伟华　欧建国　黄柳艳　张雪华

责任编辑: 纪　亮　李丝丝　李　顺

出 版: 中国林业出版社（100009 北京西城区德内大街刘海胡同 7 号）

网 址: http://lycb.forestry.gov.cn/

E-mail: cfphz@public.bta.net.cn 电话：（010）8322 5283

发 行: 中国林业出版社

印 刷: 北京利丰雅高长城印刷有限公司

版 次: 2014年1月第1版

印 次: 2014年1月第1次

开 本: 235mm *300mm　1/16

印 张: 100

字 数: 2000千字

定 价: 1800.00 元（全 10 册）

Restaurant

餐厅空间

松本楼丰联店
主案设计_利旭恒
项目地点_北京
项目面积_500平方米
投资金额_300万元

P158

● 更多精彩项目详见光盘

香港阿一美食会所
主案设计_潘一举
项目地点_北京
项目面积_6000平方米
投资金额_4500万元

P162

旺滴滴云南德宏店
主案设计_王宏业
项目地点_云南德宏傣族景颇族自治州
项目面积_639平方米
投资金额_118万元

P168

牛公馆宁波
主案设计_利旭恒
项目地点_浙江宁波市
项目面积_450平方米
投资金额_250万元

P172

佛山锦裕食府
主案设计_蔡祝源
项目地点_广东佛山市
项目面积_600平方米
投资金额_500万元

P176

海平面涮涮锅主题餐厅
主案设计_陈武
项目地点_广东深圳市
项目面积_198平方米
投资金额_80万元

P180

左岸花式铁板料理
主案设计_刘丰华
项目地点_甘肃兰州市
项目面积_1000平方米
投资金额_500万元

P182

江户前炉端烧 kemuri
上海虹桥店
主案设计_胜木知宽
项目地点_上海
项目面积_200平方米
投资金额_300万元

P186

Miss the Past
主案设计_王晓成
项目地点_江西南昌市
项目面积_1000平方米
投资金额_200万元

P188

微爱餐厅
主案设计_阮奕东
项目地点_四川成都市
项目面积_500平方米
投资金额_200万元

P190

常州文笔山庄大酒店
主案设计_林燕
项目地点_江苏常州市
项目面积_6000平方米
投资金额_2200万元

P192

裕膳坊有机生活馆
主案设计_赵悌
项目地点_广东珠海市
项目面积_300平方米
投资金额_1200万元

P198

迪斯凯
主案设计_汪洋
项目地点_浙江宁波市
项目面积_285平方米
投资金额_100万元

P200

Cafe de Flore 咖啡馆
主案设计_杨焕生
项目地点_台湾台中市
项目面积_240平方米
投资金额_700万元

P204

北京广泽汇
主案设计_徐衡
项目地点_北京
项目面积_2000平方米
投资金额_5000万元

P208

石狮金海岸食府
主案设计_吴伟宏
项目地点_福建泉州市
项目面积_3000平方米
投资金额_700万元

P212

后世博时代 – 巧克力开
心乐园主题餐厅
主案设计_任磊
项目地点_上海
项目面积_500平方米
投资金额_70万元

P216

星迪咖啡
主案设计_郭琦辉
项目地点_江西吉安市
项目面积_500平方米
投资金额_75万元

P218

中国城市规划设计研究
院咖啡厅
主案设计_董强
项目地点_北京
项目面积_600平方米
投资金额_200万元

P220

中森食博汇
主案设计_吴宗敏
项目地点_广东广州市
项目面积_50000平方米
投资金额_23000万元

P224

重庆渝宗老灶火锅
主案设计_戴华伟
项目地点_重庆
项目面积_240平方米
投资金额_80万元

P226

烤古烧烤
主案设计_毛燚
项目地点_浙江宁波市
项目面积_70平方米
投资金额_16万元

P228

浅绿咖啡小院
主案设计_刘宏裕
项目地点_浙江宁波市
项目面积_400平方米
投资金额_60万元

P230

成都春熙路翠苑餐
主案设计_马非
项目地点_四川成都市
项目面积_400平方米
投资金额_120万元

P234

西安国花骊宫坊
主案设计_邱爱成
项目地点_陕西西安市
项目面积_7000平方米
投资金额_4000万元

P236

外婆家西溪天堂店
Grandma's Home
Xixi Tiantang Restaurant

大明宫: 福洋酒店
DaMing Palace-FuYang Hotel

醉东方
Drunk Oriental

梅林阁
MeiLin Mansion

浙江 隆 荟
Longhui in Zhejiang

成都金牛万达食彩餐厅
Chengdu WanDa
Plaza Shicai Restaurant

蓬莱怡景餐厅
Penglaiyijing Restaurant

坊上人: 紫薇田园都市店
Fanshengren Restaurant
(ZiWei Village DuShi)

曲江鼎满香餐厅
Qujiang Ding Man Xiang Restaurant

王家渡火锅黄冈店
Wong's Hot Pot
Restaurant (Huanggang)

浙江 荣 庄
Rongzhuang in Zhejiang

余杭小古城餐饮
YuHang Small Town Restaurant

麓舍 餐 饮 会 所
Lu-House Dining Club

皇家 君 逸 餐 厅
Royal JunYi Retaurant

凯丽 时 尚 餐 厅
Kelly Stylish Restaurant

南京 新 巴 黎 咖 啡
New Paris Cafe

和童年味道的久别重逢
Reunion of Childhood Flavors

大董富春山居店
DaDong Duck Restaurant
(FuChun Resort, Beijing)

常州文笔山庄大酒店
Changzhou Style Villa Hotel

鱼满塘
Pond Full of Fish

参评机构名/设计师名：
内建筑设计事务所/
Interior Architecture Design

简介：
建筑内，界定了空间关系发生的边线，也限制住许多室内设计公司的工作范围。内建筑，建筑在内部空间的延伸，由内做始点，却又不完全仅仅局限于对建筑内部。内建筑与建筑内，文字上的翻转更为准确的表达出建筑与室内设计的关系。"内建筑"以此为切入点，由此展开新的设计视野建构计划。内建筑设计事务所于2004年4月正式成立，核心的设计团队以不同教育背景以及多年来不同领域的实践经验，使作品呈现出更加丰富多元的创作思维，设计所涉及的领域也更为宽泛，得以跨越建筑与室内设计之间的界线，实现更为广义范围内空间设计的概念，领域涉及商业空间设计、房地产项目、办公空间设计旧建筑改造等。作为一个具有洞察力和丰富历练的设计团队，内建设计事务所以其特有的认识建筑与室内的态度和方法，在立场与市之间平衡把我，用追求自由创作的激情在业界赢得口碑，并赢得多奖项。

外婆家西溪天堂店
Grandma's Home Xixi Tiantang Restaurant

A 项目定位 Design Proposition
如导演般用画面叙说印记，用空间给人们造一个回不去的混杂的新梦。

B 环境风格 Creativity & Aesthetics
霓虹闪过梨花白，土墙夯过虫洞开，又是一年春草绿，几经回望舴艋来。

C 空间布局 Space Planning
室内建筑重构。

D 设计选材 Materials & Cost Effectiveness
虽然运用的是钢木，旧瓦、灰墙，但却有着柔软的表现。

E 使用效果 Fidelity to Client
满意。

项目名称_外婆家西溪天堂店
主案设计_沈雷
参与设计师_孙云、杨国祥、潘宏颖
项目地点_浙江杭州市
项目面积_2000平方米
投资金额_800万元

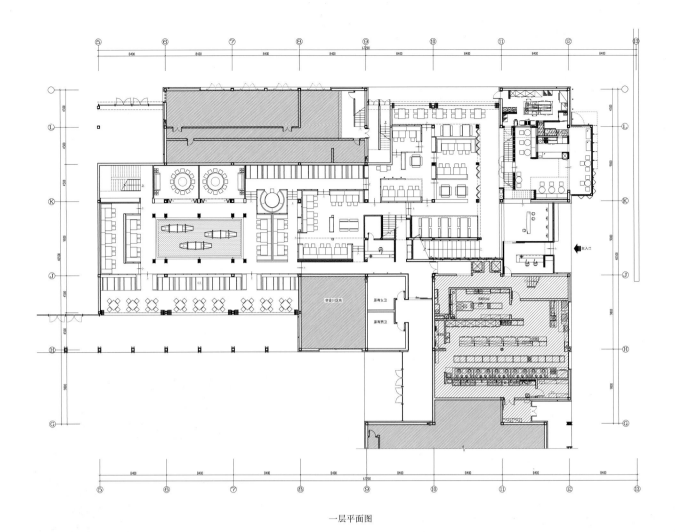

一层平面图

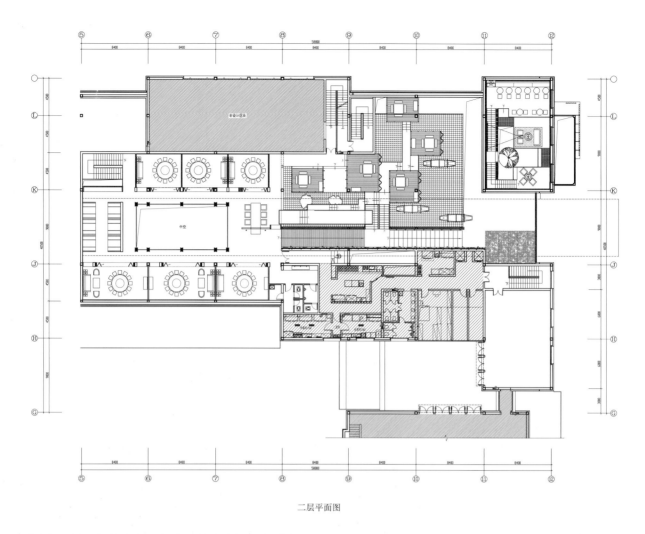

二层平面图

参评机构名／设计师名：
王颂 Joe Wang

简介：
2009-2010年度中国国际设计艺术博览会评为室内设计百强人物，CBDA注册高级室内建筑师，2008中国室内装饰协会精英奖。

大明宫：福洋酒店
DaMing Palace-FuYang Hotel

A 项目定位 Design Proposition
作品地处唐高祖李渊起兵之地历史名城太原，项目坐落在古汾河河畔景观绿地内，是融合现代与中国唐文化元素打造的高端餐饮会所，尝试从现代角度去呈现中华文化在审美上对瑰丽的理解。

B 环境风格 Creativity & Aesthetics
时下大多中式风格大多作品理解都是以质朴，内敛，低调，素雅为共性。就这个项目希望能做出探讨与突破，去挖掘中式的瑰丽与张扬，尝试让世人重新认识中国建筑装饰文化艺术还有另外一面的特质——瑰丽、绚烂，中式风格不是青砖、木格、质朴与素色。在色彩应用上上大胆大量地应用中国红作主调，体现唐宫涵义，并采用大量经现代手法处理过的丝绸之路元素、骆驼、敦煌壁画等。

C 空间布局 Space Planning
作品在布局上强调私隐，强调单门独户，强调与汾河景观融合。

D 设计选材 Materials & Cost Effectiveness
作品工艺用材上追求突破，地面石材应用大量嵌铜图案工艺，应用石材薄片覆贴工艺将玉石大块面制作成能透光的门体，体现中国文化对玉石的理解。

E 使用效果 Fidelity to Client
成为当地最具文化内涵代表性的高品位高端食府，既坐拥山西文化特色又追求另类对中华审美的理解。

项目名称_大明宫：福洋酒店
主案设计_王颂
参与设计师_莫旭君
项目地点_山西太原市
项目面积_3300平方米
投资金额_2600万元

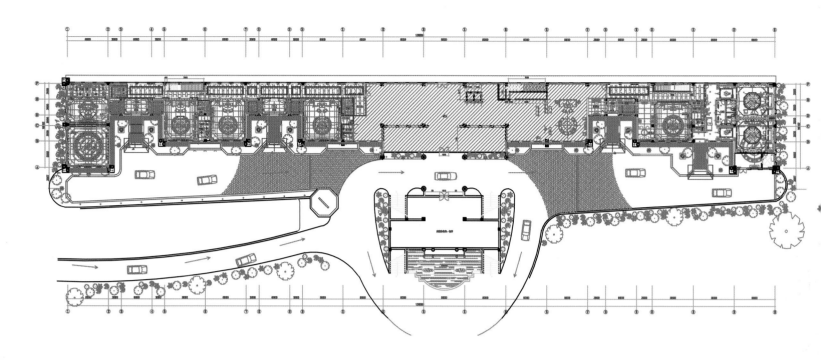

一层平面图

参评机构名/设计师名:
施旭东 Allen

简介:
唐玛（上海）国际设计首席设计师，旭日东升设计顾问机构创办人，国家注册高级室内建筑师，IFI国际室内建筑师设计师联盟资深会员，CIID中国建筑学会室内设计分会理事，FJDC中国装饰协会福建设计师专委会会长，YBC（中国）创业导师中国陈设艺术专委会理事。

醉东方
Drunk Oriental

A 项目定位 Design Proposition

略显窄小的门框似乎隐匿在周边的竹林之中，"唐"字的传统化设计在灯光的映衬下形成某种视觉的焦点。在会所中，设计遵循着传统文化的精神。诠释着阴阳协调的理念，并赋予了生活积极的意义和动力。

B 环境风格 Creativity & Aesthetics

设计师用淡定从容的细节主张，绘制成传统生活的一个缩影，看似从感官上的喧嚣中回到朴实无华，实则拉开一幕精彩的篇章。置身其中，于有形无形之间开启中国传统文化的心灵悟性。其独特的表现形式营造了一种洋溢着浓郁人文气息的精神氛围，让人们找到某种精神的皈依。

C 空间布局 Space Planning

设计师用现代的几何解构思想来表达一种文化的碰撞与融合，并让空间在轻与重之间沟通共融。彼此之间的适度差异让空间充满了生动，"恬淡中和、翰墨飘香"是对这个空间最好的形容。

D 设计选材 Materials & Cost Effectiveness

灰砖铺设、木质装饰、钢板材质、设计师亲手白描的荷花图案带着沉稳的力量，粗犷的质感与其周围的环境产生了对话，设计师通过对传统文化的思考让内心在不绚丽、不耀眼、不强烈的环境中，产生归去来兮的淡然。

E 使用效果 Fidelity to Client

新东方文化的碰撞让人们仿佛走入另一重境界，身心不自觉地摇曳在艺术与文明的氤氲情境之中，衍生出一种安宁的心境。

项目名称_醉东方
主案设计_施旭东
参与设计师_洪斌、陈明晨、林民、王家飞、胡建国
项目地点_福建福州市
项目面积_250平方米
投资金额_40万元

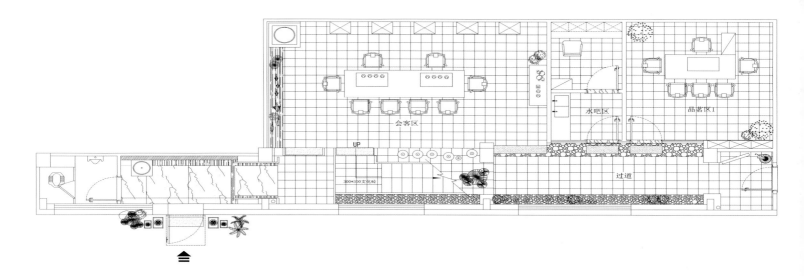

一层平面图

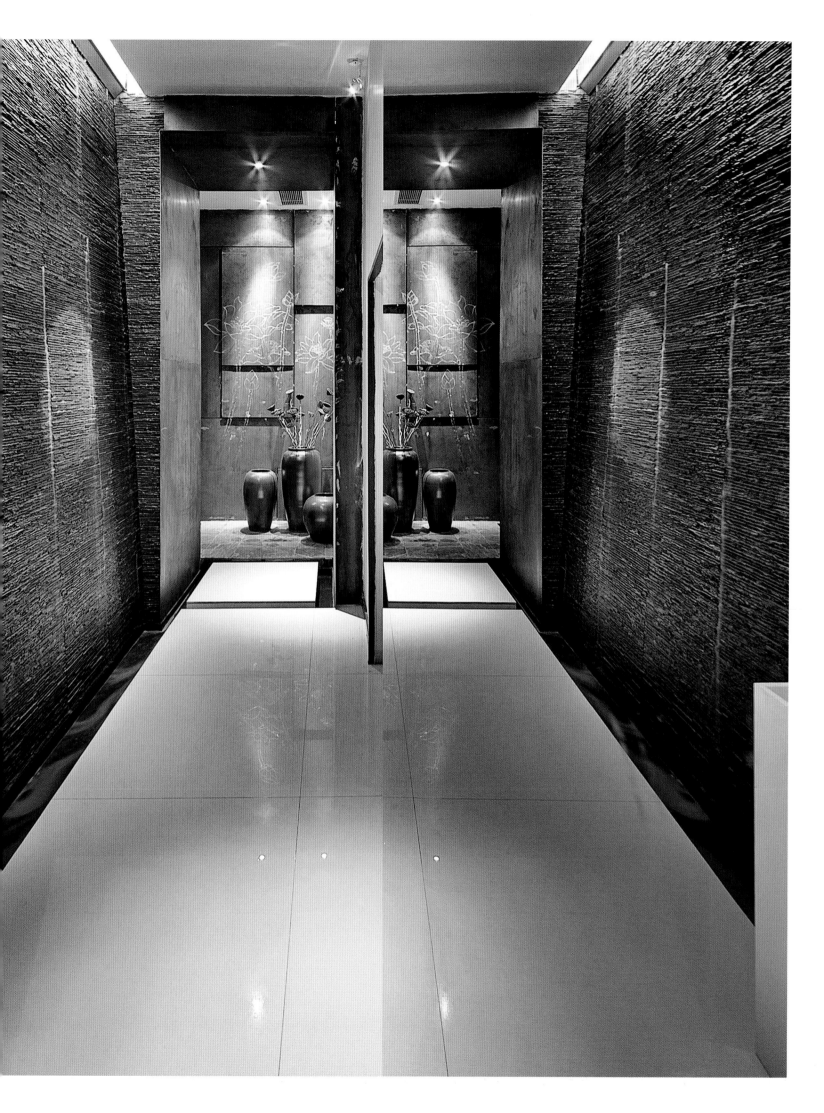

参评机构名／设计师名：
许建国 Xu Jianguo
简介：
安徽许建国建筑室内装饰设计有限公司创始人及设计主持。
安徽省建筑工业大学环境艺术设计专业，进修于中央工艺美术学院室内设计大师研修班，武汉艺术学院设计艺术学硕士研究生班毕业。

CIID中国建筑学会室内设计分会会员，国家注册高级室内建筑师，中国建筑室内环境艺术专业高级讲师，中国美术家协会合肥分会会员，Id+c"中国十大青年设计师"全球华人室内设计师联盟成员，第三届精品家居中国高端室内设计师大奖商业工程类金奖。

梅林阁
MeiLin Mansion

A 项目定位 Design Proposition
梅林阁餐厅的设计，设计师借本案追寻远离城市的喧嚣，寻找一份宁静、一份自然、一份和谐的心灵碰撞。

B 环境风格 Creativity & Aesthetics
梅林阁餐厅的设计，项目本身比较特殊。其建筑是居住房结构，位于18层住宅楼的顶层位置。希望在这方净土，人的精神世界，可以得到自我净化，在这样的环境影响，到处都可以找到生活的乐趣。

C 空间布局 Space Planning
设计师希望在空间氛围的营造上倾向于"说故事"来呈现，充分把他的情感经历融入到餐厅的设计当中。

D 设计选材 Materials & Cost Effectiveness
设计师在室内选用了大量极富自然、古朴的装饰物件，这些物件都是经过精心挑选过的，它们为空间氛围营造带来了许多惊喜。

E 使用效果 Fidelity to Client
运营效果很好，业主和消费者都很喜欢。

项目名称_梅林阁
主案设计_许建国
项目地点_安徽合肥市
项目面积_260平方米
投资金额_60万元

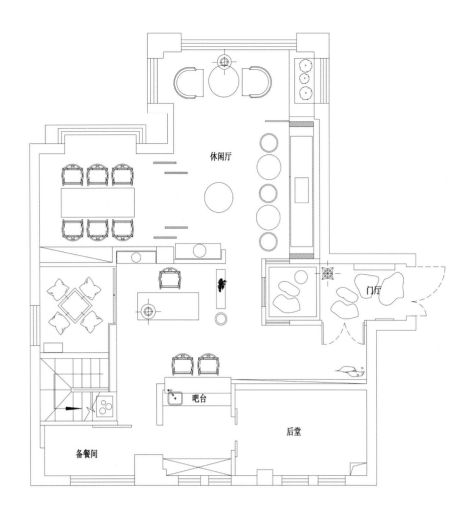

休闲厅

门厅

吧台

后堂

备餐间

一层平面图

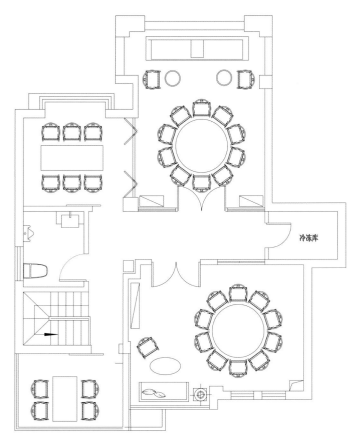

二层平面图

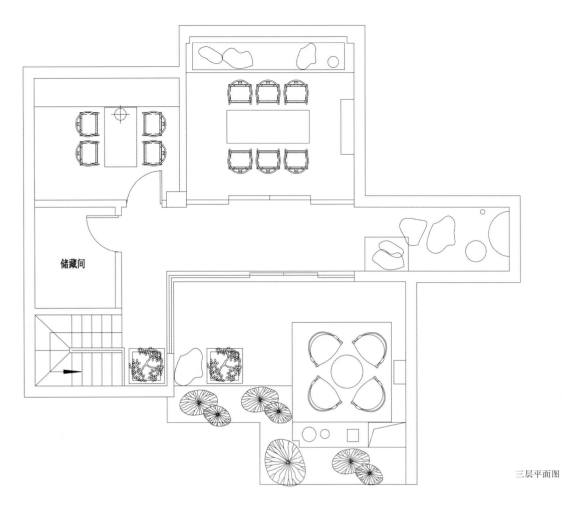

三层平面图

储藏间

参评机构名/设计师名：
蒋建宇 Jiang Jianyu
简介：
宁波宁海人氏，1994年大学毕业，2001年组建大相艺术设计公司，2011年组建大相莲花陈设艺术公司。设计方面，比较喜欢赖特的设计，还有一些简单易懂的小园林。

浙江隆荟
Longhui in Zhejiang

A 项目定位 Design Proposition

本项目除了无与伦比的景观环境外，其所拥有的配套功能亦使本会所在同类市场竞争中立于前端。会所中除拥有九间贵宾房外，另有会务、茗茶、展览、沙龙等配套场地。而每个贵宾房，都具有会客区、茶座、阳光房及独立的外部隐私小院。另外如此高端的配套却拥有着一外东方面孔。

B 环境风格 Creativity & Aesthetics

本餐厅因地理环境的关系，所以如何更好做到内外相通融、如何更好利用环境是处理空间的重点。这个项目的创新点在于将外环境的整治，作为室内空间设计的一个重点补充及亮点。而空间参与者的感观是通过内外景观观察点的连接而达到的。

C 空间布局 Space Planning

餐厅经过改造使之拥有了会所的气质感。入口悠长的道路，一再以悠美的景观绿化感动着来访者，而四合院状的空间使餐厅拥有一个美妙的水景中庭，也使每个包间都有一个亲近自然的阳光房。

D 设计选材 Materials & Cost Effectiveness

室内多处选用当地传统材料，当地石头砌成的围墙，当地古船木拼成的阳光房天花板，将本土风情与现代美学巧妙融合在一起，营造出浓郁的海洋文化气息。带着这种无限自由的设计精神和充满灵感的生动设计，设计师为大家呈现了一个清幽静谧、精致细腻的静心之所。

E 使用效果 Fidelity to Client

市场唯一性的定位，在当地无人与比。

项目名称_浙江隆荟
主案设计_蒋建宇
参与设计师_郑小华、胡金俊、李水
项目地点_浙江台州市
项目面积_2800平方米
投资金额_1700万元

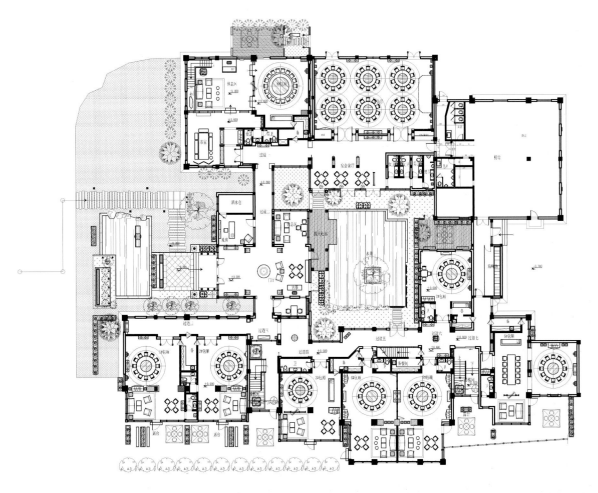

一层平面图

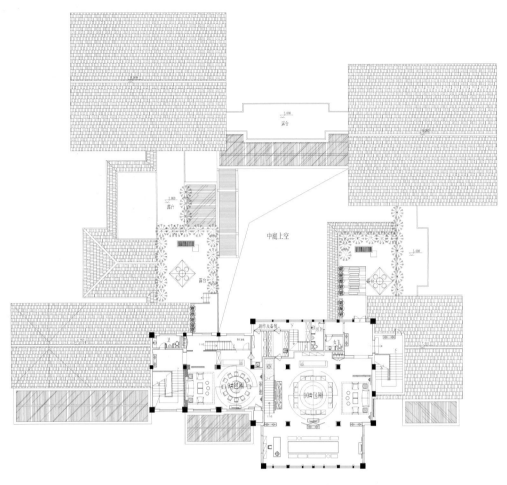

一层平面图

参评机构名/设计师名：
高雄 Jackgao
简介：
道和设计顾问有限公司创始人。社会职务：中国建筑室内装饰协建筑室内设计师，中国建筑学会室内设计分会会员，建筑装饰装修工程师，IAI国际室内建筑师与设计师理事会华南区及福建代表处理事。

成都金牛万达食彩餐厅
Chengdu WanDa Plaza Shicai Restaurant

A 项目定位 Design Proposition
用自然与民族品质融入设计的微妙组合，是这个空间所拥有的定义。

B 环境风格 Creativity & Aesthetics
自然与动态的融合，好似会呼吸般生机焕然。再搭配云南的民族特色，独有的图腾、鲜明的地域景观画面。

C 空间布局 Space Planning
"曲径通幽处，禅房花木深。山光悦鸟性，潭影空人心。"由这样一种意境引入设计思维，曲径通幽的布局，揭开层层的精致与细腻。

D 设计选材 Materials & Cost Effectiveness
清新的橡木原色，传递着和谐的氛围；大面积的玻璃好似湖水般清澈；有如天空般纯净的孔雀蓝玻璃与鲜艳的花卉草木细心镶嵌，饱满而不失节奏；缤纷的蝴蝶在空间中交错，带着勃勃生机。

E 使用效果 Fidelity to Client
分割出的层层空间，好似门庭若市的热闹景象，但却给予身处其间的人们完好的私人空间，尽显巧妙。

项目名称_成都金牛万达食彩餐厅
主案设计_高雄
参与设计师_高宪铭
项目地点_四川成都市
项目面积_325平方米
投资金额_70万元

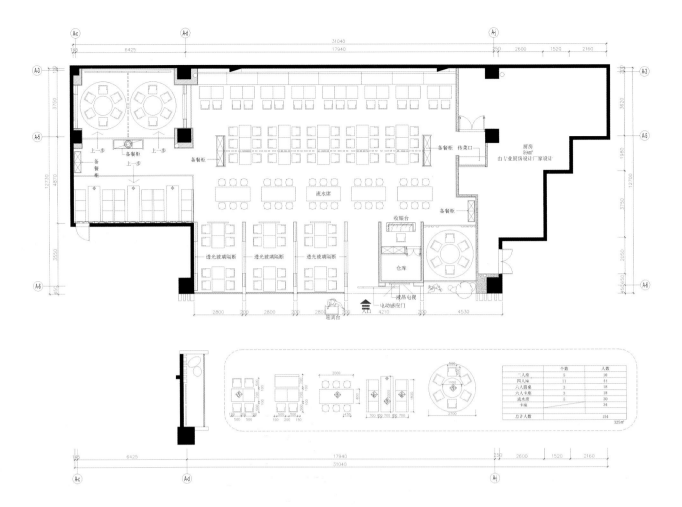

一层平面图

	个数	人数
二人座	5	10
四人座	11	44
六人圆桌	3	18
六人卡座	3	18
流水席	5	30
卡座		34
总计人数		154

325m²

参评机构名/设计师名:
冯嘉云 Feng Jiayun
简介:
中国建筑学会室内设计分会高级室内建筑师,
中国建筑装饰协会高级室内建筑师,IFI国际室
内建筑师/设计师联盟会员,ICIAD国际室内建
筑师与设计师理事会会员,法国国立科学技术
与管理学院项目管理硕士学位。

蓬莱怡景餐厅
Penglaiyijing Restaurant

A 项目定位 Design Proposition
设计表现上着意营造与"蓬莱"相对应的情境个性,与所在基地的景区气质协调,以迎合旅游目标客群浑
然忘我的身心预期,在业态气质上,与随机产生的各型目标客群产生无差别亲和感。

B 环境风格 Creativity & Aesthetics
本项目被湖境包绕,周边都充溢着山水自然的基因,为此,在业态空间环境考量上,放弃了室内的自然意
向的赘述,与环境的融合是通过简约线性的开放式样实现的,呈现对山水的拥抱姿势,又不放弃对内部的
个性化塑造。

C 空间布局 Space Planning
空间布局强调井然秩序,着意明畅响亮的线条感,公共空间多竖向表现,呈现挺拔,产生视觉暗示——层
高更高,力主提高空间舒适度。

D 设计选材 Materials & Cost Effectiveness
基地环境的自然调性,在空间用材上得到了延续与细化,木性光辉在本空间得到最大化彰显,主材中水曲
柳饰面的自然肌理,粗犷的老模板与精到纹饰的搭配,无不体现道法自然、取悦身心的设计用心。

E 使用效果 Fidelity to Client
经营后的业态呈现利好趋势。一是获得了周边大型社区与企业办公商务人士的青睐,包厢生意火旺,私密
与端庄稳健的包厢气质成为核心吸引点。

项目名称_蓬莱怡景餐厅
主案设计_冯嘉云
参与设计师_铁柱、陆荣华
项目地点_江苏无锡市
项目面积_1400平方米
投资金额_1000万元

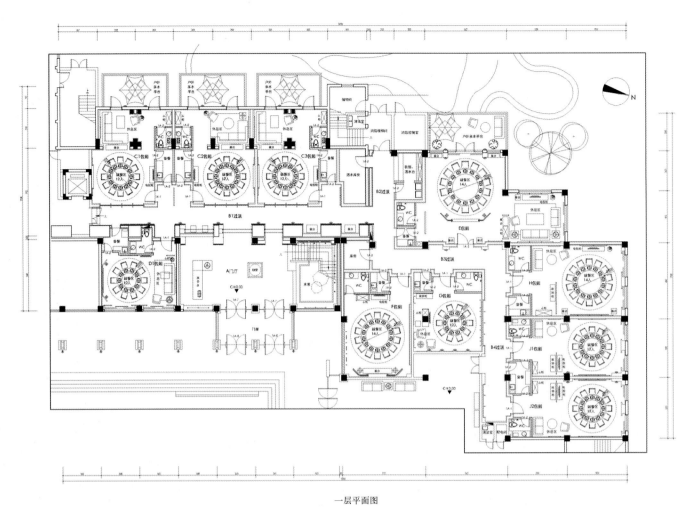

一层平面图

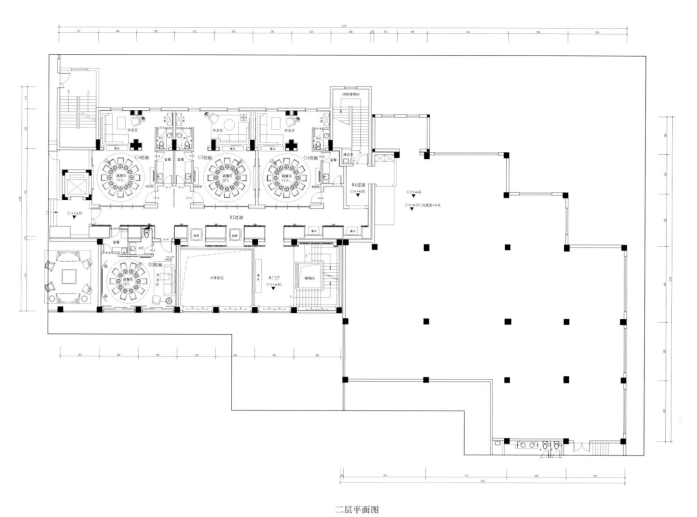

二层平面图

参评机构名/设计师名:
西安本末装饰设计有限公司/
BENMO-DECORATE WITH DESING CO,LTD
简介:
西安本末装饰设计有限公司于2009年正式成立,是一家具有室内设计、预算、施工、材料于一体的专业化装饰公司。主要业务范围包括别墅、商业会所、办公楼、及厂房、酒店、餐饮、售楼部、商业步行街、展厅等设计与施工。

荣誉: 公司作品"西安坊上人餐饮(电子城店)扩建工程"荣获2010亚太设计筑巢杯优秀设计奖。公司参赛作品"坊上人餐饮田园都市店"荣获陕西省第五届室内装饰设计大赛铜奖。公司参赛作品"集众电子办公大楼"荣获陕西省第五届室内装饰设计大赛优秀奖。公司参赛作品"蜀香鱼火锅作坊"荣获陕西省第五届室内装饰设计大赛优秀奖。公司参赛作品"坊上人田园都市店"荣获陕西省第五届室内装饰设计大赛铜奖。公司参赛作品"西安蓝积木运动会所"获陕西省室内设计优秀奖。西安兄弟标准工业有限公司 多功能厅获陕西省室内设计佳作奖。

坊上人:紫薇田园都市店
Fanshengren Restaurant (ZiWei Village DuShi)

A 项目定位 Design Proposition
作为弘扬清真餐饮文化的窗口,需要更加开放,现代,融合民族性与时代感的全新形象。

B 环境风格 Creativity & Aesthetics
为了在环境中契合其伊斯兰风格背景,用阿拉伯花纹图案的镂空铝板将建筑包裹。白天,阳光透过顶面花格,投射在建筑立面上,或透过花格直接穿透玻璃墙面投射在室内,形成错落变化的光影。晚上,室内光线透出花格,整个建筑又呈现出阿拉伯铜灯般的神秘。

C 空间布局 Space Planning
八角星,阿拉伯装饰图案中的一个核心元素,全方位运用在整个空间中,民族现代感脱颖而出。建筑外立面的镂空层铝板和玻璃幕墙形成双层皮肤,自然光线在其间相互切割,由外而内,由上而下。与之相反,在人工光线的设计上,刻意设计为由内而外,由下而上,利用与人的习惯感知相反的体验,营造神秘感。

D 设计选材 Materials & Cost Effectiveness
使用现代的材质和工艺表现。外立面的轮廓使用最简洁的圆弧形,而表面的铝板上却是复杂的镂空图案。建筑正立面的深色石材也和上面的镂空层形成厚重与轻薄的对比碰撞。各个包间装饰墙面的马赛克拼花,同一种基础型运用不同的色彩色调搭配出不同的视觉感受。阿拉伯铜灯在传统灯型基础上再次设计改造。

E 使用效果 Fidelity to Client
店内外焕然一新,装饰风格将中华传统文化与伊斯兰文化和现代餐饮文化巧妙结合,独树一帜。其设计风格在业内受到多方肯定,在微博和杂志报道,并展开设计师之间的交流与探讨。

项目名称_坊上人:紫薇田园都市店
主案设计_陈海
项目地点_陕西西安市
项目面积_3000平方米
投资金额_1200万元

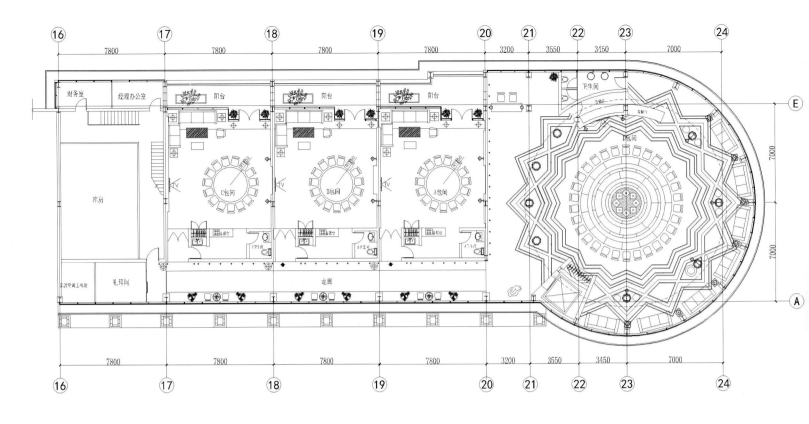

一层平面图

参评机构名/设计师名：
深圳市汇博环境设计有限公司/
Shenzhen Hope Box surroundings Design Co.,Ltd.

简介：
2005年由深港两地的成建造（香港）设计有限公司、深圳梓人设计有限公司、深圳深港建设三家设计公司的四名主创设计师组成的设计团队，配合设计师六十六人。专业提供以室内设计为主，建筑景观及规划设计为辅的设计服务。公司现有设计场所四处：深圳南山公司、深圳罗湖公司、深圳福田公司、西安分公司。

HOPEBOX
汇博设计

曲江鼎满香餐厅
Qujiang Ding Man Xiang Restaurant

A 项目定位 Design Proposition

本案位于古城西安大雁塔广场旁，为当地的知名餐饮品牌，此次重新立意，为当地餐饮业开启新河。

B 环境风格 Creativity & Aesthetics

欧式的纯粹感与ARTDECO结合，摆脱周边古典中式的厚重感，寻求典雅的用餐氛围。

C 空间布局 Space Planning

尽管多条1米见方的结构柱和3.5米的天花标高限制了风格定位，但经过阵列与拱顶造型的处理，结合大量机电改造，提升了空间感和进深感。

D 设计选材 Materials & Cost Effectiveness

现场天花采用水纹不锈钢板，结合地面银白龙大理石的黑白波浪纹理，加以水花玻璃雕塑，上下镜射，营造了清透的前厅气氛；用餐大厅以米白为基色，辅以拱形的天花艺术彩绘，反而显得雍容开阔；包间以壁挂的明镜、油画相互映照，衬以典型的欧式墙板，众多的花线点缀，温暖自然。

E 使用效果 Fidelity to Client

本案以简洁、单纯的设计营造明亮、舒适的餐厅环境，带给客人愉快的用餐感受，提升了业主的产业价值。

项目名称_曲江鼎满香餐厅
主案设计_曹成
项目地点_陕西西安市
项目面积_1300平方米
投资金额_1200万元

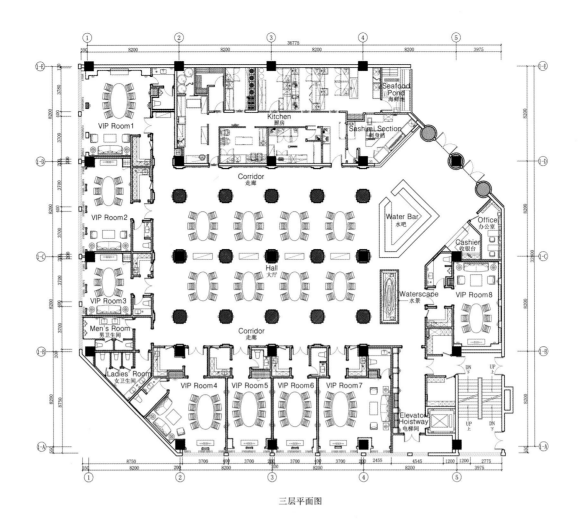

三层平面图

参评机构名／设计师名：
李向宁 Nina
简介：
意大利米兰理工大学国际室内设计硕士，经典
国际设计机构(亚洲)有限公司艺术总监，中国
建筑学会室内设计分会会员。

王家渡火锅黄冈店
Wong's Hot Pot Restaurant (Huanggang)

A 项目定位 Design Proposition

王家渡火锅黄冈店位于湖北省黄冈市的遗爱湖公园腹地，遗爱湖是黄冈市内最美的城市自然湖景公园，湖畔种植的大多是扶岸的垂柳，湖面波光粼粼，一如丝绸般飘逸，褶皱处也满含诗情；广阔的湖面，明净而通透，湖波如境，杨柳夹岸，照映倩影，充满无限柔情。

B 环境风格 Creativity & Aesthetics

沿着湖边小径走向餐厅，湖边的自然美景恰如苏轼描写过的醉人西湖景色："水光潋滟晴方好，山色空蒙雨亦奇"，隐逸于山水之中，这是餐厅所处环境对设计的灵感启发。通过合理保留与利用周边植栽，重新定义建筑和自然的关系，达到设计与自然的平衡。

C 空间布局 Space Planning

室内空间的设计概念源自王家渡火锅的品牌核心理念，即渡口文化的重新演绎。于是有关渡口文化中的人文和自然元素演变为空间中的设计语汇。水纹、卵石、游鱼、水鸟、菖蒲、蓬船、栈道等视觉意象通过抽象化提炼，以不同的材质来体现。在空间中，金属、玻璃、石材、木材等传统材料成为新的载体，以创新的手法共同编织一幅悠然纯美的自然美图。

D 设计选材 Materials & Cost Effectiveness

顶层的观景露天更是欣赏湖景的绝佳之地，木质地台，白玉围栏、青黛瓦面，围合成一处私密的顶层空间，开阔的视野提供了欣赏湖景的无限可能，无论是清晨还是日暮，坐落露台，沐浴清风，凭栏远眺。

E 使用效果 Fidelity to Client

正如东坡词："认得醉翁语，山色有无中。一千顷，都镜净，倒碧峰"。

项目名称_王家渡火锅黄冈店
主案设计_李向宁
参与设计师_王砚晨、郭文涛
项目地点_湖北黄冈市
项目面积_1900平方米
投资金额_1900万元

参评机构名/设计师名：
蒋建宇 Jiang Jianyu
简介：
宁波宁海人氏，1994年大学毕业，2001年组建大相艺术设计公司，2011年组建大相莲花陈设艺术公司。设计方面，比较喜欢赖特的设计，还有一些简单易懂的小园林。

浙江荣庄
Rongzhuang in Zhejiang

A 项目定位 Design Proposition

荣庄集餐饮空间和私人会所于一体，前者对外开放，后者则是极私密的非营业空间。项目依原防洪林而建，充分利用原有林木资源来营造良好的城市绿肺，环境轻松优雅。定位是度假式餐饮。

B 环境风格 Creativity & Aesthetics

在设计上追求景观与室内的完美结合，强调宾客的角色参与。打破室外、室内的心理界线，是本案设计的最佳特色。

C 空间布局 Space Planning

建筑的内部空间宽敞通透，整体空间呈现出后工业时代的粗犷厚重。简洁的内环境装饰展示出空间的有机性，让人成为空间的主体，让窗外的美景成为真正的视觉焦点，打破内外空间的阻隔与界线。

D 设计选材 Materials & Cost Effectiveness

室内空间由大量的红砖及水泥、未经打磨的土坯墙面组成，大幅的艺术品，粗犷的线条，朴拙的工艺，随处可见的艺术品，让整个空间更像一个艺术工厂。单体空间亦是如此，近乎素白的装饰，配以藤制的座椅、枯枝插花、琉璃吊灯，简约素雅。

E 使用效果 Fidelity to Client

因为就餐环境的舒适，贴近大自然的城中绿舟的享受，使该物业已成为当地一时尚场所。

项目名称_浙江荣庄
主案设计_蒋建宇
参与设计师_楼婷婷、董元军、郑小华、李水
项目地点_浙江台州市
项目面积_6000平方米
投资金额_1200万元

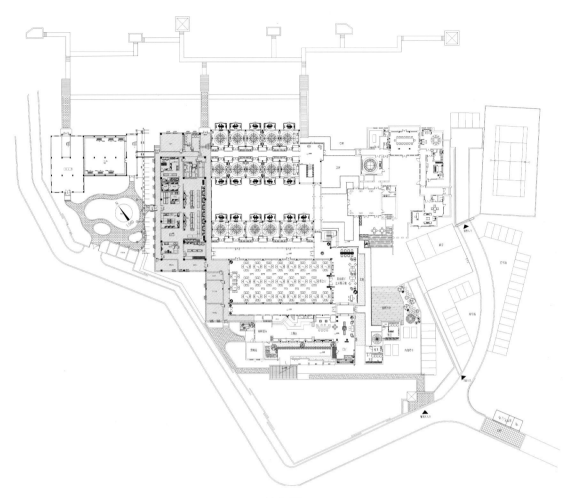

一层平面图

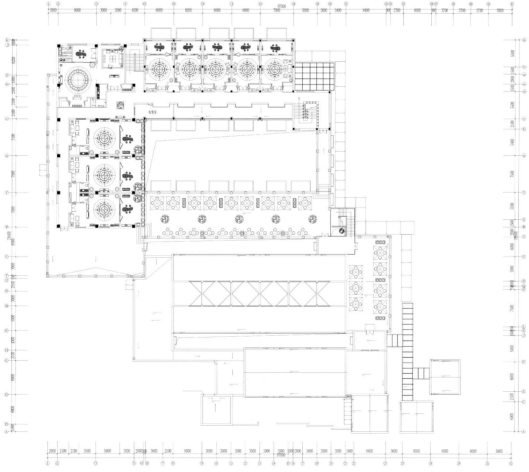

二层平面图

参评机构名/设计师名:
浙江亚厦设计研究院有限公司/YASHA
简介:
经过十多年的发展壮大,公司现已成长为中国建筑装饰行业的知名企业和龙头企业。

专注于高端星级酒店、大型公共建筑、高档住宅的精装修,树立了"亚厦"在中国建筑装饰行业的一线品牌地位和高端品牌地位。公司先后承接了北京人民大会堂浙江厅、北京首都国际机场国家元首专机楼、青岛国际奥帆中心、上海世博中心、上海浦东国际机场、中国三峡博物馆、中国财政博物馆、中国海洋石油总公司办公大楼等国内知名大型公共建筑以及北京御园、杭州留庄、阳光海岸、金色海岸、鹿城广场等高档住宅的精装修工程,同时承接了Four Seasons(四季)、Banyan(悦榕)、Marriott(万豪)、InterContinental(洲际)、Hyat(凯悦)、Hilton(希尔顿)、Starwood(喜达屋)、Accor(雅高)、Shangri-La(香格里拉)、Wyndham(温德姆)等世界顶级品牌酒店的精装修工程。2002以来,公司共荣获"鲁班奖"等59项国家级优质工程奖,"钱江杯"奖等265项省(部)级优质工程奖。浙江亚厦装饰股份有限公司践行"装点人生、缔造和美"愿景,坚持"创新、共赢、经典"理念,本着"质量第一、信誉至上"宗旨,精心设计,优质施工,努力使客户获得最大价值和最满意服务。

余杭小古城餐饮
YuHang Small Town Restaurant

A 项目定位 Design Proposition
传统的禅、茶文化在现代餐饮中的运用,中国十大禅茶之一的径山茶产自径山镇,据考证是日本茶道的源头,由唐朝来中国的日本僧人传入日本,形成现代日本茶道,所以每年有大量的日本游客来径山镇,寻找日本茶文化的起源。

B 环境风格 Creativity & Aesthetics
项目位于杭州余杭径山镇小古城村,餐厅以日式风格为主题结合径山寺的禅茶文化,为客人提供沉静、自然的就餐环境。

C 空间布局 Space Planning
建筑布局以谷仓为单元的散落式的个体组合,形成自然的部落空间,室内设计在空间营造上强化谷仓概念和灰空间院落的营造,并能与外界的环境如茶园、稻田、竹林形成对话。

D 设计选材 Materials & Cost Effectiveness
内设计从整体氛围的营造到灯光的配置、家具的选型、布艺的颜色,结合当地的材料,来表现餐饮文化的"禅"与"茶"。选材上以本土材料为主如竹、藤、瓦、青石并运用传统工艺进行加工和运用,如夯土围挡的借用。

E 使用效果 Fidelity to Client
满意度高。

项目名称_余杭小古城餐饮
主案设计_陈元甫
参与设计师_高奇坚
项目地点_浙江杭州市
项目面积_550平方米
投资金额_100万元

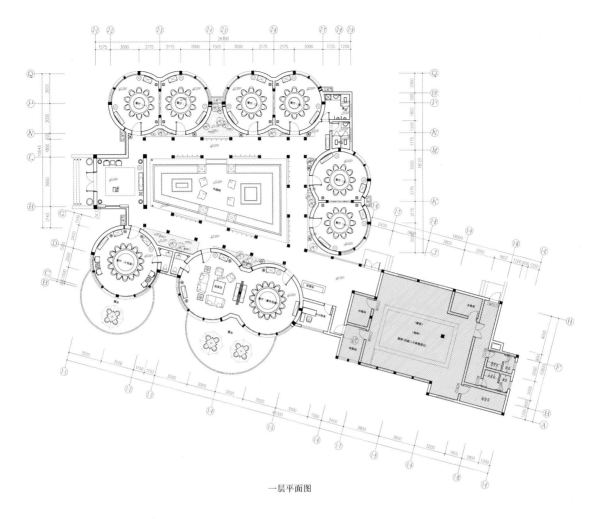

一层平面图

参评机构名／设计师名：
林鸿 Leo Lam
简介：
从事室内设计工作多年，有丰富的设计施工经验，对商业空间的业态有一定了解，善于把握市场需求与商业定位，同时在每个新项目中打破传统的设计思维，以打造真正富有创意及灵感的商业空间。

所涉及项目类型包括：餐饮、会所、主题酒店、主题咖啡等各种主题商业空间。

麓舍餐饮会所
Lu-House Dining Club

A 项目定位 Design Proposition

本案位于山林麓间，环境优美、气候宜人，其自然淳朴的空间情境让餐饮氛围拥有了别样的气质，家一般的感觉。为让周边优美的自然景观引入室内空间，房间最大限度地留出了开窗面积。同时结合中国传统水墨画、中国传统工艺"三绝"福州脱胎漆器、根雕、漆画这些艺术品让空间赋予了更多的人文气息，感染着宾客，传承东方文化。在这里，人们在品尝着精致菜肴的同时感知传统艺术的内涵。

B 环境风格 Creativity & Aesthetics

设计中将传统的中式元素经过严格的筛选，恰到好处地运用于会所的各个空间；整体布局和搭配连贯统一，浓厚的传统韵味流露，中式笔墨挥洒其中，真实、纯朴，整体色调古朴、雅致。

C 空间布局 Space Planning

空间布局上更加强调功能的实用性，以及视觉感官效果。运用中国私家园林的造景手法让本身乏味的方正空间变成无限蔓延、有趣，移步换景。同时又恰到好处地结合了实用性。

D 设计选材 Materials & Cost Effectiveness

在设计中更加强调功能，装饰造型上没有过多华丽的装饰语言，运用了素水泥、青砖、青石、白色乳胶漆、粗麻布等朴实的材质来诠释中式韵味。

E 使用效果 Fidelity to Client

运用低廉的材质使得整体造价降低同时又不影响效果，使得甲方在实际运营中很快回收成本。

项目名称＿麓舍餐饮会所
主案设计＿林鸿
项目地点＿福建福州市
项目面积＿750平方米
投资金额＿200万元

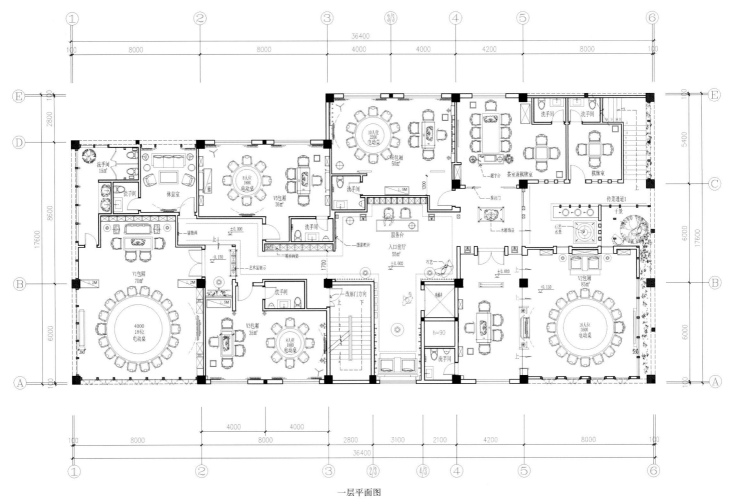

一层平面图

参评机构名/设计师名：
范日桥 Fan Riqiao
简介：
中国建筑学会室内设计分会高级室内建筑师，
中国建筑装饰协会高级室内建筑师，CIID中国
建筑学会室内设计分会第三十六（无锡）专业
委员会 常务副主任，IFI国际室内建筑师/设计
师联盟 会员，法国国立科学技术与管理学院

项目管理硕士学位，2009年中国国际艺术博览
会中国室内设计年度三十三人物之一，江南大
学设计学院建筑环艺学部课程顾问。

皇家君逸餐厅
Royal JunYi Retaurant

A 项目定位 Design Proposition
设计表现上着意营造"现代皇家"风范，空间流溢品质至上的国际化调性。色彩跳跃而明快，富于时代气息，与来此光顾的时尚年轻目标客群审美取得一致，空间表情丰富、多元，通过装饰意味鲜明的现代陈设系统获得实现。

B 环境风格 Creativity & Aesthetics
本项目被湖境包绕，周边都充溢着山水自然的基因，为此，在业态空间环境考量上没有过多的典型环境元素，而是通过明快响亮的色彩系统和开敞的空间架构，并配以零星的绿植点缀，在"五觉"满足基础上，使目标群产生"自然而然"的身心体验。

C 空间布局 Space Planning
公共空间占比与尺度稍大，拉开"动、静"空间的距离，使空间功能体系明朗清晰，公共空间的秩序感、阵列感与包厢空间的精致感和丰富表情，共同营造了一个尊贵雍容的业态空间。

D 设计选材 Materials & Cost Effectiveness
调性定位决定了选材方向，金属、玻璃、布艺、墙纸共同构筑了一个富于时尚感的表皮系统，而各包厢的主题风格的差异性，则通过材质多样的陈设系统获得实现。

E 使用效果 Fidelity to Client
经营后的业态呈现利好趋势。一是获得了来本景区旅游的年轻目标群的拥趸，也成为周边大型社区与企业风尚白领阶层会友、聚会、宴请的首选之地。

项目名称_皇家君逸餐厅
主案设计_范日桥
参与设计师_铁柱、郭旭峰
项目地点_江苏无锡市
项目面积_4000平方米
投资金额_1200万元

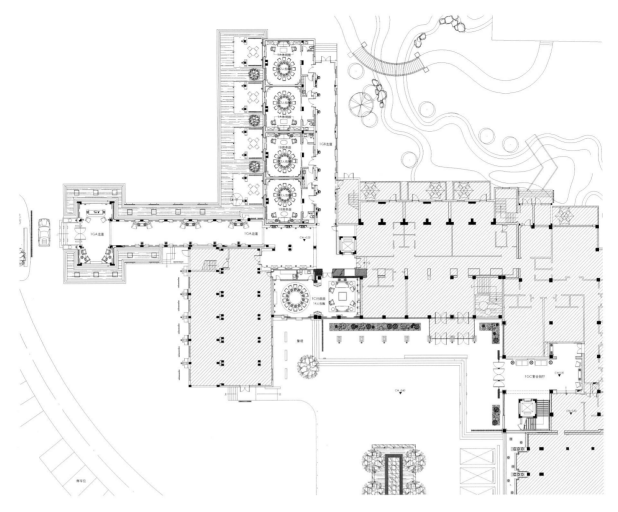

一层平面图

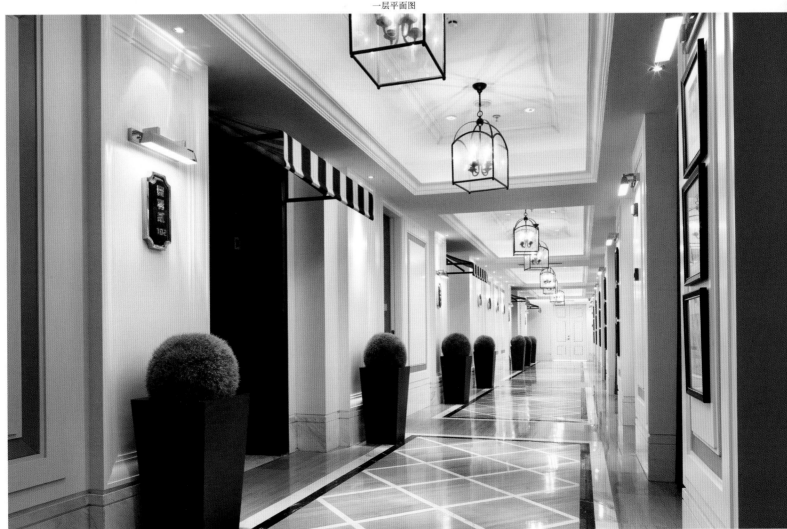

参评机构名/设计师名：
陈品豪 Robert
简介：
1998年毕业于清华大学美术学院，现为中国建筑学会室内分会会员，ICIAD（国际室内建筑师与设计师理事会）宁波地区理事，宁波精锐设计师联盟成员。

凯丽时尚餐厅
Kelly Stylish Restaurant

A 项目定位 Design Proposition
在设计上摒弃了很多餐厅所喜好的华丽装饰，而是采用相对质朴与亲和的设计手法，用最为普通的材料去演绎空间，在此，"简"已成为一种空间气质，言简而意醇。

B 环境风格 Creativity & Aesthetics
空间上以淡雅的色调，通透的隔断使空间呈现出大气的功能场域。

C 空间布局 Space Planning
细腻雅致的色调组合，富有诗意的光影层次，另人寻味的立面处理关系，共同构成一幅时尚而富有东方神韵的餐饮空间，使人在平常单纯中颇有回味。

D 设计选材 Materials & Cost Effectiveness
在空间处理手法上以块面为主，大面积运用朴实感的竖纹木饰面，在纵向空间上延伸视觉；天花采用整齐有序的饰板，简单的灯具从饰板垂坠下来，不仅没有压抑之感，更尽显优雅的立体造型美感。地面以大理石和木地板规划座位区与公共区域，加之墙面以木料修饰，使整个空间流动着原木的质朴清香，更让空间在简单中求变化，变化中寻求统一。

项目名称_凯丽时尚餐厅
主案设计_陈品豪
参与设计师_项毅、聂宁宁
项目地点_浙江宁波市
项目面积_1200平方米
投资金额_500万元

E 使用效果 Fidelity to Client
朴实的风化木，光滑的瓷器，青翠的绿植，大气的水墨画点缀其中，客人置身于东方情调的空间，是一种怡然自得的淡雅与宁静。

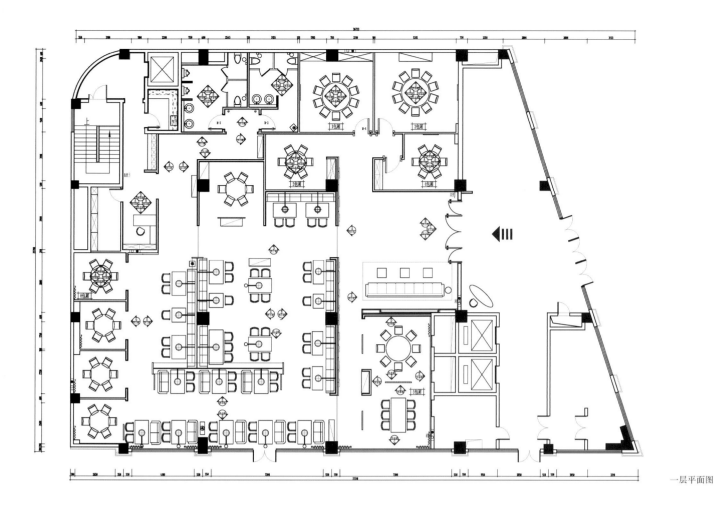

一层平面图

参评机构名/设计师名：
董龙 Dong Long
简介：
中国建筑学会室内设计分会会员，DOLONG设计创始人、创意总监，室内设计师，从业十年有余坚持实景作品诠释实力理念，多套作品获奖及入选专业书籍。

南京新巴黎咖啡
New Paris Cafe

A 项目定位 Design Proposition

现代都市里，快节奏的工作与生活，让每一个人的肩膀都有些沉重，大多数人希望能在偶尔的间隙放松自己的身心，咖啡无疑是最好的选择。

B 环境风格 Creativity & Aesthetics

偶尔放慢脚步是一种享受，经常放慢脚步是一种奢侈，怎样让客人在一杯咖啡的时间得到享受，便对经营的环境有更高的要求，选材上的木色以及布艺，不经意间便让人进入一种放松以及惬意的氛围。

C 空间布局 Space Planning

走进新巴黎咖啡厅，就能看到一排格子门。门上的教堂玻璃图案丰富亮丽，轻松自如地增添了很多浪漫迷人的现代情调。

D 设计选材 Materials & Cost Effectiveness

设计师在室内大量使用了木饰面，桌椅都选用较为清新的色调，营造出一种安静、知性的氛围。墙纸、挂画与不锈钢点缀其中，优雅不失时尚，十分赏心悦目。

E 使用效果 Fidelity to Client

据业主反映，前去喝咖啡的客人都对店内的装修赞叹不已，同时有很多同行朋友前去观看，喝咖啡看设计，两种享受。

项目名称_南京新巴黎咖啡
主案设计_董龙
项目地点_江苏南京市
项目面积_500平方米
投资金额_150万元

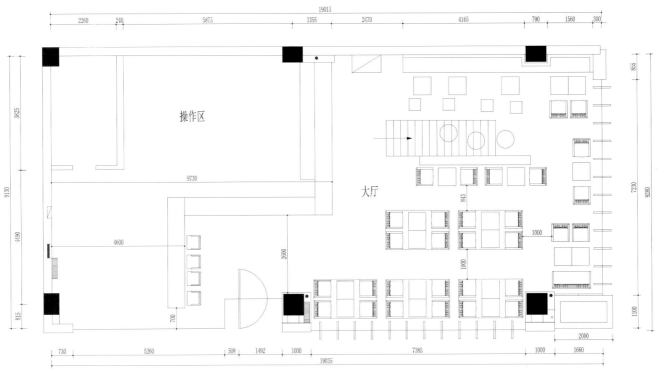

一层平面图

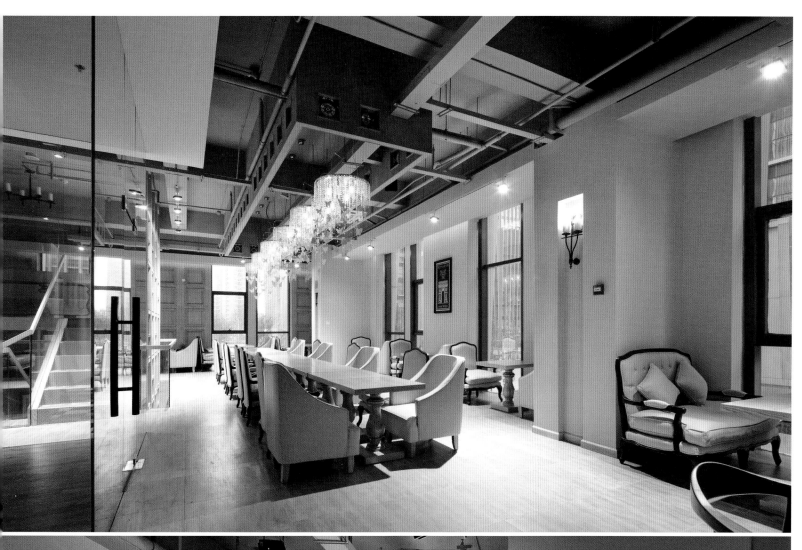

参评机构名／设计师名：
李川道 Donny
简介：
2011年度Idea-Tops国际空间设计大奖艾特奖，2010金指环-ic@ward金球室内设计大奖赛获最高级别奖项金奖，2010IAI AWARDS亚太室内设计双年大奖赛杰出设计新人奖，2010IAI AWARDS亚太室内设计双年大奖赛优秀餐饮空间设计大奖，金堂奖2010China-Designer中国室内设计大赛优秀空间设计大奖，2010中国国际空间环境艺术设计大奖赛筑巢奖优秀工程类设计奖，2010照明周刊杯中国照明应用设计大赛工程类二等奖，作品入选《2010年亚太室内双年展》、《2011年金堂奖年度优秀作品集》、作品刊登在《玩味食尚》、《时代空间》、《现代装饰》、《瑞丽家居》、《id＋c室内设计与装修》、《中国顶级室内设计》。提倡"拒绝复制，创意无限，每件作品都应具有本身的设计独特性"名扬业内外；提出"以发散思维审视设计、以个性思维定位设计"的设计观赢得广大同行的认可与支持。

和童年味道的久别重逢
Reunion of Childhood Flavors

A 项目定位 Design Proposition

对城市需求而言美食是一个装载记忆的最佳容器。我们总会在偶然久违的味道里，再度回想起多年以前的某个傍晚，你在厨房的窗台下，看着父母准备晚餐的忙碌背影，蝴蝶从夕阳下掠过，只是你却在往后的出门奋斗中，逐渐淡忘那时的食物味道。

B 环境风格 Creativity & Aesthetics

间隔划一的"水滴"灯饰记载脉脉温情，被洁白光亮所点饰的，是永定美食的独特味道，也是重温旧时光的恍然梦想。

C 空间布局 Space Planning

清冽的浅色铺开空间的主体基调，弥漫出安然静雅的氛围，有序的U字隔断既规划了空间的相互独立性，又让视线自主连通，保持空间的整体通透性。

D 设计选材 Materials & Cost Effectiveness

有别于传统餐厅，在选材上我们并未在餐厅遇见太多繁复的软性装饰与色彩，却总是能在偶然的探寻中被精致的细节触动心弦。

E 使用效果 Fidelity to Client

强调的是咀嚼之间的质朴回味，设计师通过干净整洁的立体秩序，为客人留下更多的想象之地，让空间的深度和内涵自主挥发——生活存在本末，圆满未必丰盛。

项目名称_和童年味道的久别重逢
主案设计_李川道
参与设计师_陈立惠、梁锦华、郑新峰
项目地点_福建福州市
项目面积_510平方米
投资金额_165万元

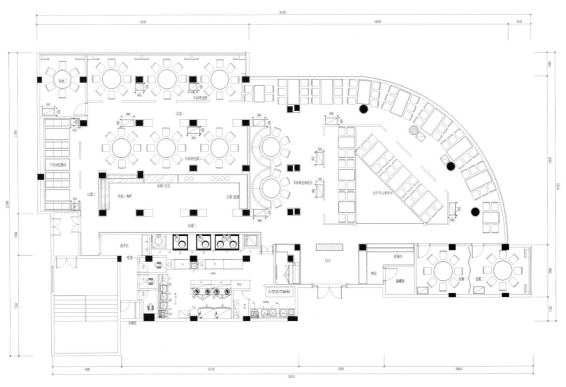

三层平面图

参评机构名/设计师名：
刘道华 Devin
简介：
主持设计的合众人寿项目荣获中国室内大奖赛（2010年）佳作奖。主持设计的北装办公室荣获2011年《中国金堂奖室内设计大赛》办公类优秀奖。大董烤鸭店设计荣登在《id+C》、《时代空间》、美国《室内设计》中文版、《古典工艺家具》。慧喜传媒设计荣登《古典工艺家具》。众多设计作品荣登《中国室内设计年鉴》。本人荣登《中华建筑报》《中国建筑新闻网》《中国室内设计师精英网》等专业媒体"室内设计师精英访谈"专访，香港《时代空间》明星设计师专访。

大董富春山居店

DaDong Duck Restaurant (FuChun Resort, Beijing)

A 项目定位 Design Proposition

大董以一贯的雅致隽永，为北京的浮华落下了一座远山，一园净水，一染墨韵，一个聆听万物的心态。

B 环境风格 Creativity & Aesthetics

采用苏州园林和皇家建筑的元素，在简约的空间与色彩中，加入时尚飘逸的手法，让食客体验一种全新的就餐环境。

C 空间布局 Space Planning

设计师用建筑手法来做空间设计，营造出一个博物馆的空间来呼应大董的意境菜。

D 设计选材 Materials & Cost Effectiveness

除了一贯的雅致外更融入了更多书画元素，由现代科技的手法自然地融入其中。

E 使用效果 Fidelity to Client

出色的设计为业主带来了更多的客户，评价也很好。

项目名称_大董富春山居店
主案设计_刘道华
项目地点_北京
项目面积_7000平方米
投资金额_8000万元

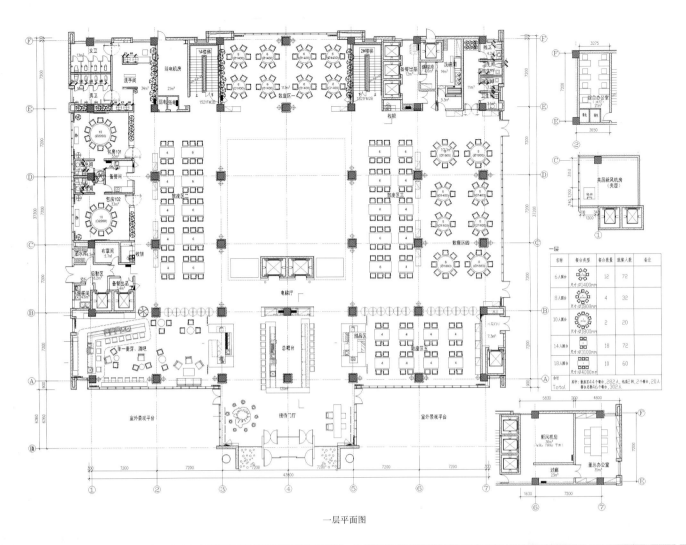

一层平面图

名称	餐台类型	餐台数量	就餐人数	备注
6人圆台	尺寸Φ1400mm	12	72	
8人圆台	尺寸Φ1800mm	4	32	
10人圆台	尺寸Φ1800mm	2	20	
14人圆台	尺寸Φ3100mm	18	72	
18人圆台	尺寸Φ4000mm	10	60	
合计 Total	某甲:散座区44个餐台,282人,私房2间,2个餐台,20人 餐台总数46个餐台,302人			

参评机构名/设计师名：
张向东 Zhang Xiangdong
简介：
国家高级室内建筑师，CIID中国室内建筑学会
室内设计分会会员，IAI亚太建筑师与室内设计
师联盟资深会员，中国百名优秀室内建筑师，
宁波精锐设计师联盟秘书长、HBS宁波红宝石
装饰设计有限公司总设计师，香港无界设计企
画咨询有限公司董事。

Initial 原生西餐厅
Charisma Of Earthiness

A 项目定位 Design Proposition

这是一处座落于宁波鄞州区的餐饮空间设计，位于川流不息的闹市隐蔽处，给人一种大隐隐于市的清新、宁静感。

B 环境风格 Creativity & Aesthetics

摒弃西餐厅传统的西方奢华主义，以装饰艺术Art Deco的几何线条为主轴，揉合欧洲中产阶级的怀旧情怀，将文艺复兴时期的建筑风貌呈现其中。

C 空间布局 Space Planning

因建筑层高不一，被设计师顺势利导地处理成错落有序的错层空间，分为散座区、卡座区、包厢区。包厢虽然不大，但其温馨，复古色调给人以宁静的享受。

D 设计选材 Materials & Cost Effectiveness

入口大门采用简练的几何造型及黑色色调，玻璃酒柜琳琅满目的各式红酒，结合墙面做旧的木饰面及黑白相间的水磨石地面，为空间增添了和煦的节奏。

E 使用效果 Fidelity to Client

经营效果良好，客户满意度较高。

项目名称_Initial 原生西餐厅
主案设计_张向东
参与设计师_王刘权、钟方静
项目地点_浙江宁波市
项目面积_500平方米
投资金额_150万元

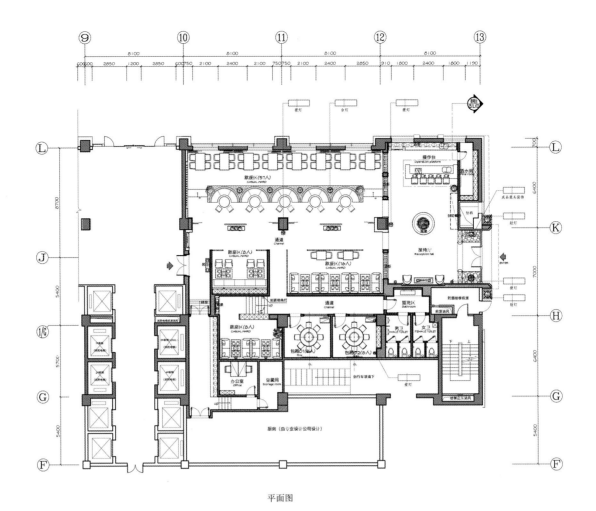

平面图

参评机构名／设计师名：
深圳市艺鼎装饰设计有限公司/
SHENZHEN YIDING&DECORATION CO.,LTO
简介：
深圳市艺鼎装饰设计有限公司成立于2004年，公司主要承接大型餐饮连锁店、高档娱乐会所、办公场所等室内空间的设计创作。艺鼎一直致力于为客户提供全面优质的室内设计服务，以"客户为先，成就精品"为宗旨，将创意思想结合客户需求，完美融入设计理念，用理想作品来赢得客户共鸣。多年来与国内众多知名餐饮连锁品牌保持着良好、稳定、持续的合作关系。历经磨砺，成熟稳健的艺鼎已具备整套高效完善的管理体系，对各类大型空间设计游刃有余。艺鼎引以为傲拥有专业设计师团队，人才济济，历年来获得众多国内外设计大奖。自我突破，勇于创新是团队永远的信念。

深圳市艺鼎装饰设计有限公司
Shenzhen Yiding Design&Decoration Co.,.Ltd

鱼满塘
Pond Full of Fish

A 项目定位 Design Proposition
为区分其他物业，用现代手法设计本案给人眼前一亮的视觉享受，根据品牌文化利用"渔夫出海打渔满载而归"的背景创造空间文化，市场定位以中高消费人群为主。

B 环境风格 Creativity & Aesthetics
传统手工编织工艺的再现与现代时尚相结合，演绎交错感极强的环境空间。

C 空间布局 Space Planning
采用半开放式空间布局，卡座区与包房相结合的形式，既有私密性又保证空间的连贯性。

D 设计选材 Materials & Cost Effectiveness
选用烤木纹铝片和拼接木营造出渔夫、渔船的氛围烘托环境、深雕玻璃若隐若现地连贯空间，展现二维的层次感。

E 使用效果 Fidelity to Client
因设计独特，环境优雅有丰富的文化背景，吸引众多客流，不仅享受美味，也享受环境带来的愉悦感，体验"鱼火锅"的饮食文化。

项目名称_鱼满塘
主案设计_王锟
项目地点_广东深圳市
项目面积_663平方米
投资金额_300万元

参评机构名/设计师名:
古鲁奇设计公司/Golucci

简介:
古鲁奇设计北京分公司主要为专业开发商楼盘示范单位，售楼中心会所设计，商业空间设计策划，如酒店，餐厅，精品商铺，写字楼，等等提供新颖独到，富有创意，面向市场的设计方案。近期成功项目有北京鼎鼎香时尚火锅

餐厅，复地集团帝景园会所，售楼处及样板间，珠海海湾国际公寓样板间。
我们以欧美先进的设计概念为出发点，融合东方的细致和理性与客户功能上的需求、市场概况、营业方针等，配合提供客户最专业的设计服务，更在工程品质、预算控制、施工管理皆可达到国际先进水平。目前古鲁奇北京分公司设计团队全体人员皆为本科以上学历，设计总

监配饰设计师皆为英国建筑系及相关科系学士学位并且超过12年的作经验。古鲁奇设计可在任何特殊项目的要求下，快速与在英国星加玻及台北的分公司组成联合设计团队，配合国际的专业技术，助客户的成功开发。经过在中国国内多个项目的运作，古鲁奇设计与国内各大开发商，设计院及各领域内专家学者建立了良好的工作伴关系，累积了丰富的跨国，跨区域设计执行经验。

烧肉达人天钥桥店
Yakiniku Master

A 项目定位 Design Proposition
YAKINIKU MASTER烧肉达人日式烧肉店位于上海天钥桥路上。

B 环境风格 Creativity & Aesthetics
品牌创立人期望能将日本禅意与中国江南水乡的概念移植到上海，让宾客在舒适优雅的空间里享用美食同时感受到文化的氛围。

C 空间布局 Space Planning
设计师利旭恒运用现代的手法演绎日本传统建筑的基本框架结构，大量的木框架朴实的表现建筑结构美学。

D 设计选材 Materials & Cost Effectiveness
另外用水墨方式呈现江南水乡中国建筑屋脊的曲线，曲线来自屋瓦依着梁架迭层的加高，借此强调了这曲线之美在中国建筑结构上几乎不可置信的简单和自然。

E 使用效果 Fidelity to Client
设计师用简约主义来表现传统建筑结构，所有的元素都简约而不简单，像在低声表述其质地、生命的故事。

项目名称_烧肉达人天钥桥店
主案设计_利旭恒
参与设计师_赵爽、季雯
项目地点_上海
项目面积_400平方米
投资金额_300万元

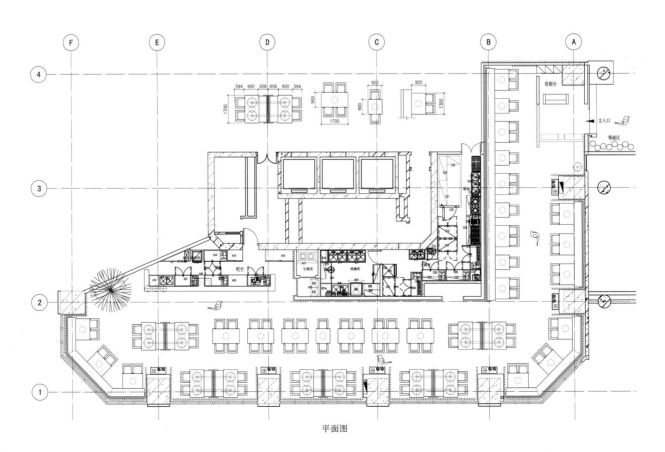

平面图

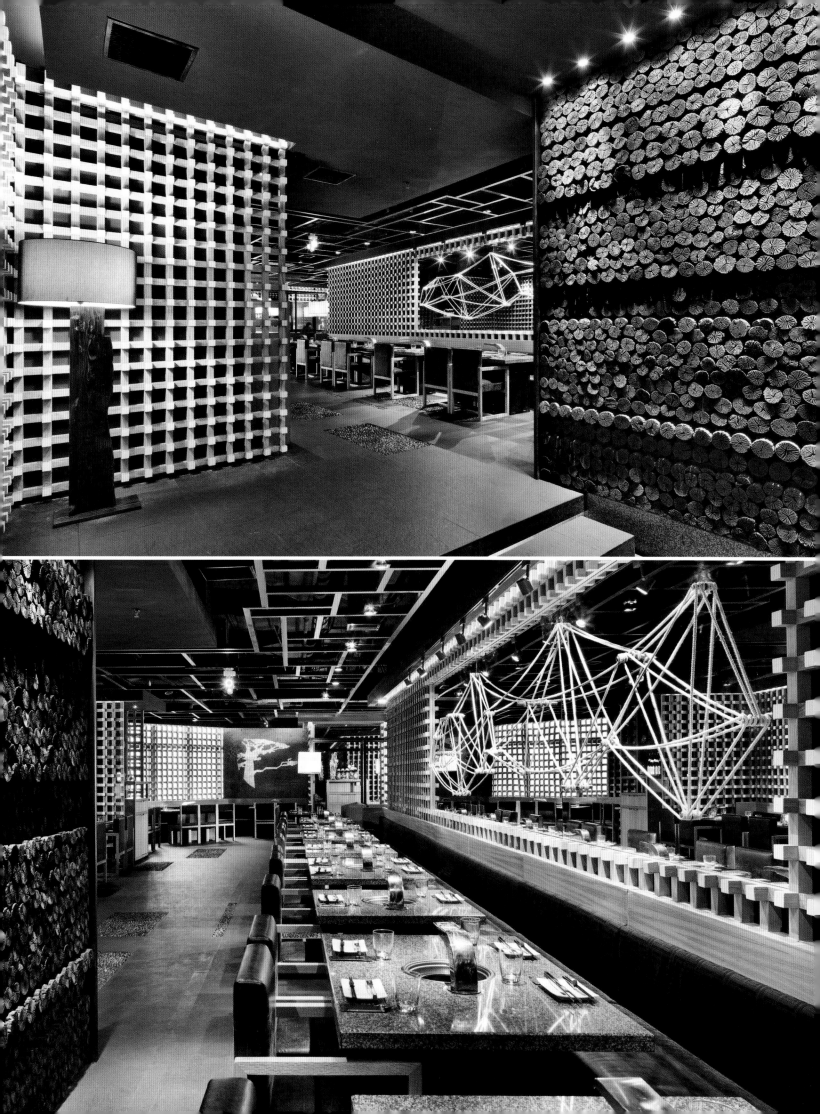

参评机构名／设计师名：
李道德 Li Daode
简介：
2012金堂奖年度新锐设计师。成功案例：艺谷北京总部，MC新材料博物馆曾经参与北京机场第三航站楼设计（已完工）欧洲第一高楼-莫斯科城市大厦Moscow CityTower建筑设计（在建）圣彼德堡Apraksin Dvor老城规划再造等重要项目。

ACE Cafe 751
ACE Cafe 751

A 项目定位 Design Proposition
第一家Ace Cafe建于1938年初的伦敦，无论是在机车文化上还是流行文化上'它都有着很重要的位置。Ace Cafe 751是第一家在华语地区开业的Ace餐吧，由原先的751站改造而成。

B 环境风格 Creativity & Aesthetics
设计当中保留了751车站的主体结构、屋顶、主立面。主要材料选择不锈钢、水泥板等，希望突出ACE CAFE机车、摇滚的主题风格，加建的部分使用了回收的集装箱，搭接而成。

C 空间布局 Space Planning
在新建部分运用数字化设计的方法，结合李道德先生做一直倡导的"人工自然"以及"互动空间"的理念，将主吧台后面的背景墙设置成可动的机械装置，给人一种超现实的空间形变的体验。这里空间不再是静止的，而是随着齿轮和轮带的转动而一直在发生着变化。建筑的西立面也是一大亮点，随着钢索的拉动，整个西立面可以向上拉起，从极简的平面逐渐变成极具复杂性的三维空间，并开启西入口，让室内外浑然一体。

D 设计选材 Materials & Cost Effectiveness
数字化设计结合传统建材，人体工程结合机械自动化。

E 使用效果 Fidelity to Client
客户非常满意。

项目名称_ACE Cafe 751
主案设计_李道德
参与设计师_dEEP Architects（郑钰，陈昱，纪一川）
项目地点_北京
项目面积_400平方米
投资金额_380万元

参评机构名/设计师名：
卢忆 Lofts
简介：
2012-2013年度国际环艺创新设计大赛（老有所终）一等奖，2012-2013年度国际环艺创新设计大赛（三市里胡同餐厅）二等奖，2012-2013年度。

麦-甜
Wheat-Sweet

A 项目定位 Design Proposition
让生活在浮躁喧闹的都市人感到一份安逸和自由，谈笑风生间疲劳已经悄悄离开。

B 环境风格 Creativity & Aesthetics
麦甜运用了麦子为主元素贯穿整个设计方案。

C 空间布局 Space Planning
区域的分隔多种的组合方式合理的结合。

D 设计选材 Materials & Cost Effectiveness
麦田为主题，空间以麦色为主基调，松木板染色、混凝土墙面和麦秆、麦子的使用。

E 使用效果 Fidelity to Client
在无垠的麦田上，微风过后会有果实的浓香和着沙沙作响如浪般的声音唱起来，其余的再也不见动静了。我想躺在这片麦田，安静的我用青春守望着那片麦田。

项目名称_麦-甜
主案设计_卢忆
项目地点_浙江宁波市
项目面积_65平方米
投资金额_6万元

参评机构名/设计师名：
何宗宪 Joey Ho
简介：
荣获超过100个本地及海外设计奖项，其中包括2009香港传艺节获选为"大中华杰出设计设计师"、2008现代装饰国际传媒奖"年度杰出设计师"、2012台湾室内设计大奖"居住空间类/复层空间类"TID奖、2012亚太室内设计双年大奖赛"最佳设计创意大奖"、2012日本JCD设计大奖 - "BEST100"奖、2011设计大奖"商业空间类"金奖、美国Gold Key Award 2011决赛三强、2011美国Best of Year Awards 2009"公共空间类别"优异奖、日本JCD设计大奖 - "Eating: Restaurant / café / bar类"饭岛直树奖等等。

澳门机场餐厅
MIAR

A 项目定位 Design Proposition

作品作为位处于澳国机场的禁区离境大堂内，是乘客搭乘航班前最后停留地方，因应这个特别的地点，及达到业主的要求，故此设计师在设计策划上作出了特别的手法。

B 环境风格 Creativity & Aesthetics

作品不单纯为解决顾客日常的生理上的餐饮，同时要兼顾客的心理层面，于是在设计时，并没有采用一般餐厅的分区，更不会用上墙壁或是屏风作遮蔽，餐厅开扬、简洁的环境风格，是整个项目重点。

C 空间布局 Space Planning

餐厅设于机场禁区内的离境大堂二楼，设计师因应乘客们需要赶及乘搭航班时心理所出现的压迫感，于是在规划时，采用全开放式的设计手法，把整个餐厅打造成一片澄明。空间的极富流通，同时二楼的景致正是能眺望到地下离境大堂以及玻璃幕墙外的航机升降情况，让人对于航班实时情况一目了然。

D 设计选材 Materials & Cost Effectiveness

作品为令乘客连接在澳门这个城市的最后回忆，项目把餐厅地面特意以弧的线条构成，地面以三种不同石材，由深至浅色，配合不同的弧型，细腻地诠释达致自然而流畅，回应了澳门当中著名广场的地貌。

E 使用效果 Fidelity to Client

作品投入营运后，充分产生出在规划过程中的构想，因整个空间分为三个区域，使人流分开处理，令空间不会出现过分拥挤的情况，顾及到每位顾客的需要，而经营者亦相当满意这种安排，把乘客分流处理，顾及到乘客的需求，不单提升企业形象，同时有利于日常的运作。

项目名称_澳门机场餐厅
主案设计_何宗宪
项目地点_澳门
项目面积_407平方米
投资金额_600万元

参评机构名/设计师名:
古鲁奇设计公司/Golucci
简介:
古鲁奇设计北京分公司主要为专业开发商楼盘示范单位,售楼中心会所设计,商业空间设计策划,如酒店、餐厅、精品商铺、写字楼,等等提供新颖独到,富有创意,面向市场的设计方案。近期成功项目有北京鼎鼎香时尚火锅餐厅, 复地集团帝景园会所,售楼处及样板间, 珠海海湾国际公寓样板间。

我们以欧美先进的设计概念为出发点,融合东方的细致和理性与客户功能上的需求、市场概况、营业方针等,配合提供客户最专业的设计服务,更在工程品质、预算控制、施工管理皆可达到国际先进水平。目前古鲁奇北京分公司设计团队全体人员皆为本科以上学历,设计总监配饰设计师皆为英国建筑系及相关科系学士学位并且超过12年的工作经验。古鲁奇设计可在任何特殊项目的要求下, 快速与在英国或星加坡及台北的分公司组成联合设计团队,配合国际的专业技术,协助客户的成功开发。经过在中国国内多个项目的运作, 古鲁奇设计与国内各大开发商,设计院及各领域内专家学者建立了良好的工作伙伴关系, 累积了丰富的跨国,跨区域设计执行经验。

松本楼丰联店
Matsumoto Restaurant

A 项目定位 Design Proposition
松本楼餐饮集团主要是以铁板烧及和式料理闻名全国的知名品牌,本项目位于北京,面积约有600多平米。

B 环境风格 Creativity & Aesthetics
东方文化的神韵在本质上有着许多共通的特性,因此设计师利旭恒先生将本案定位成"现代日式风格餐厅",选取日本文化中传统的"樱花、清酒、纸灯笼、祈福牌"等最具代表意义的印象符号,透过现代的装置手法及与顾客互动的概念,演变成店里独树一格的装饰艺术品。

C 空间布局 Space Planning
同时将日本国技"相扑"的传统造型,简化成线条利落又极具现代感的文化图腾,在灯光的衬托下构成一连串的奇妙视觉体验,成功营造出一个富有时尚和风的用餐氛围。

D 设计选材 Materials & Cost Effectiveness
樱花、清酒、纸灯笼、祈福牌。

E 使用效果 Fidelity to Client
成功营造出一个富有时尚和风的用餐氛围。

项目名称_松本楼丰联店
主案设计_利旭恒
参与设计师_赵爽、季雯
项目地点_北京
项目面积_500平方米
投资金额_300万元